LES

LANDES DE LA GASCOGNE

LEUR NATURE GÉOLOGIQUE; LEUR ÉTAT PRÉSENT;
LEUR AVENIR POSSIBLE;
COMMENT S'Y PRENDRE POUR EN ASSURER LA FERTILISATION,

PAR ÉMILE BÉRES.

EXTRAIT DU JOURNAL DES ÉCONOMISTES, MARS ET JUIN 1857.

PARIS
GUILLAUMIN ET Cie, LIBRAIRES
*Éditeurs du Journal des Économistes, de la Collection des principaux Économistes,
du Dictionnaire de l'Économie politique, etc.*
Rue Richelieu, 14

1857

LES

LANDES DE LA GASCOGNE,

LEUR NATURE GÉOLOGIQUE; LEUR ÉTAT PRÉSENT;
LEUR AVENIR POSSIBLE;
COMMENT S'Y PRENDRE POUR EN ASSURER LA FERTILISATION,

PAR ÉMILE BÈRES.

EXTRAIT DU JOURNAL DES ÉCONOMISTES, MARS ET JUIN 1857.

PARIS
GUILLAUMIN ET Ce, LIBRAIRES,
Éditeurs du Journal des Économistes, de la Collection des principaux Économistes, du Dictionnaire de l'économie politique, etc.
Rue Richelieu, 14.

1857

LES LANDES DE LA GASCOGNE,

LEUR NATURE GÉOLOGIQUE; LEUR ÉTAT PRÉSENT; LEUR AVENIR POSSIBLE; COMMENT S'Y PRENDRE POUR EN ASSURER LA FERTILISATION.

Les Français sont de hardis, de constants, d'heureux défricheurs dans les régions élevées de l'intelligence et de l'art, aussi bien que dans le domaine du travail industriel; mais peut-on en dire autant de leurs travaux, de leurs tentatives en ce qui regarde la fertilisation, l'exploitation de la terre qui nourrit les hommes? Il y aurait de la témérité à le prétendre; car on pourrait très-justement opposer à de telles prétentions, dans notre entourage, les bruyères de la Sologne et du Berri, les marais de la Dombe et de la Camargue, les landes de la Gascogne; bruyères, marais, landes déplorablement persistants. Dans les parages lointains, on serait en droit de nous montrer les solitudes toujours les mêmes de la Guyane; la Louisiane et le Canada perdus pour nous lorsque vint le jour de leur prospérité; l'Inde française n'arrivant à fructifier que comme branche du grand empire anglo-asiatique; cette Inde si regrettable, et où le pavillon et le génie de la France se montrèrent un moment si heureux, si brillants!

Tout cela ne témoigne-t-il pas, hélas! sinon de l'impuissance, tout au moins de l'imprévoyance française?

Serons-nous toujours ce même peuple si ardent à poursuivre le bien à faire; si lucide à deviner, à trouver les voies inconnues; si brave à conquérir les terres et les mers; si généreux à donner son sang, son appui, ses idées; mais aussi si peu expert à savoir s'approprier les fruits de la science, les profits les plus réels du courage, de la découverte, de la puissance? Nous ne savons trop que penser, que dire à cet égard. Cependant, puisque nous avons la bonne nouvelle que les grands corps de l'État vont être prochainement saisis de l'importante question tendant à faire enfin fructifier la vaste solitude dont les misères attristent l'âme du voyageur, du plus simple observateur, et dont l'état d'abandon accuse si fort les imprévoyances des gouvernements passés, je commence à espérer.

Ce n'est point, du reste, la première fois que j'aborde cette intéressante et si nationale question de la transformation des landes de la Gascogne.

Il y a déjà quelque vingt ans, et à cet âge de la force et de la confiance dans le progrès, dans l'avenir : âge heureux où l'on croit tout possible et facilement réalisable, je la portai directement au sein de l'Institut.

M. le duc de Bassano présidait alors l'Académie des sciences morales et politiques, à laquelle je m'étais naturellement adressé. Le jour où mes lectures furent achevées, le président me fit appeler dans son cabinet pour m'annoncer que mon mémoire serait admis et imprimé dans le *Recueil des savants étrangers* ; et il voulut bien ajouter à cette annonce ces paroles encore présentes à ma mémoire : « Je vous félicite, monsieur, d'avoir voulu porter au sein de l'Académie un pareil sujet ; il m'a d'autant plus intéressé, que moi-même, comme ministre, je l'ai beaucoup étudié : j'en ai même plus d'une fois entretenu l'empereur, qui m'a toujours répondu qu'il souffrait autant que personne de n'avoir pas encore pu effacer de la carte de la France ce triste désert, et de savoir ses pauvres habitants condamnés, pour le parcourir en sûreté, à l'obligation de se hisser sur des échasses [1] ; mais aussi, pour entreprendre et parfaire cette œuvre importante, Napoléon me demandait les loisirs de la paix. » Et M. de Bassano ajoutait tristement : « Vous allez me dire que nous avons aujourd'hui la paix : sans doute ; mais nous n'avons plus avec nous le génie organisateur. J'ai vieilli, et à votre tour vous allez vieillir en songeant à ce beau travail économique ; et c'est tout ce que nous en aurons. »

J'ai longtemps cru, je l'avoue, à l'accomplissement de la prédiction de l'illustre académicien ; prédiction

Omnibus flebilis, nulli flebilior quam mihi ;

car j'ai passé une partie de mes jeunes années à l'ombre et sous le vent des *pignadas*, pouvant ainsi, et en parfaite connaissance de cause, parler de ces vertes forêts qui ne font que jalonner, au lieu de couvrir en son entier, l'immense solitude qui barre l'Océan de l'embouchure de l'Adour à celle de la Gironde, c'est-à-dire sur environ 200 kilomètres d'étendue.

Et aujourd'hui, à la suite de longues et attentives pérégrinations, je

---

[1] Voici pourquoi Napoléon devait se souvenir des échassiers landais. Lors de son passage pour les affaires d'Espagne, en 1808, il se trouva sur les limites du département deux compagnies de gardes d'honneur. L'une était formée par les principaux propriétaires du pays, montés sur d'excellents chevaux navarrais, aussi légers que rapides ; l'autre compagnie se composait de jeunes et vigoureux pasteurs venus des grandes landes avec leur costume pittoresque, bérst bleu, casaque de peau de mouton, ceinture rouge, et montés... *sur des échasses de dix pieds de haut.*

Ces singuliers grenadiers, armés d'un énorme bâton ferré et d'un long pistolet accroché à la ceinture, couraient aussi vite que les chevaux de poste, et ce n'était pas la partie la moins curieuse ni la moins regardée du cortége impérial.

parlerai d'autant plus pertinemment des améliorations à réaliser dans ces mêmes lieux dont le souvenir me sera toujours des plus chers, que j'ai pu voir et bien connaître les nombreuses forêts résineuses qui couvrent et enrichissent les Alpes, les Cévennes, les Ardennes, les sables de la Campine, les plaines allemandes, les highlands de l'Écosse.

L'on m'a dit quelquefois, il est vrai, qu'il était difficile de fertiliser les landes bordelaises, par la raison qu'elles manquaient des conditions essentielles qui rendent un pays fertile, prospère.

Ici, il faut s'entendre.

S'il s'agissait de convertir ces landes en terres propres à produire des céréales, des racines; à donner des fourrages abondants, à porter la vigne, etc., on aurait, à coup sûr, raison de redouter des mécomptes, peut-être même un véritable insuccès, comme ne l'ont que trop souvent éprouvé jusqu'ici de téméraires réformateurs agricoles.

Ces terres manquent, en effet, du *principe calcaire* : l'*argile*, si nécessaire, en certaines proportions, dans les sols propres à la culture, ne se trouve que dans les couches inférieures, et l'*humus* n'existe que faiblement et sur des points clair-semés; je sais très-bien cela, et j'ai fait dans ma vie assez de culture pour vouloir tenir un compte sérieux de ces circonstances regrettables, et qui font réellement lacune dans un ordre cultural bien entendu.

Mais si la Providence, d'ordinaire si sage dispensatrice de ses bienfaits, avait réservé pour cette même contrée, déshéritée de certains avantages, un produit qui, pour croître, n'aurait à demander ni travail coûteux, ni amendements, ni engrais, peu de bâtiments, pas d'irrigations, ni de trop longues années d'attente; produit varié dans ses applications, plus que jamais demandé et même nécessaire; y aurait-il donc tant à se plaindre, et ne faudrait-il pas plutôt se féliciter d'un tel partage et mettre bien vite la main à l'œuvre fertilisatrice?

Eh bien! ce produit existe; et l'expérience de son utilité, de ses nombreux emplois n'est plus à faire. Ce produit est le PIN MARITIME, que l'on peut regarder à bon droit comme l'un des arbres les plus précieux de la famille des conifères. Il est tellement particulier à nos contrées méridionales et arénacées, que Linné ne l'a pas connu et n'a pu le mentionner dans ses savantes et d'ailleurs si riches nomenclatures.

Cet arbre vient sans les moindres frais de culture. Il suffit de jeter sa graine à la volée sur le sol, en préservant soigneusement les parties ensemencées du piétinement et de la dent des animaux pendant le temps des premières pousses, aussi bien que de l'excès d'humidité. Hormis ce soin, il n'y a plus à s'inquiéter des résultats, même sur les terrains les plus ingrats pour tous autres produits : la bonne nature fera le reste.

A la dixième année, on commence une éclaircie qui est déjà un bénéfice; les autres suivent à d'assez courts intervalles; car rien de hâtif et de merveilleux comme la croissance de cette précieuse essence, que l'on peut regarder comme complète entre cinquante et soixante ans.

La récolte si importante de la résine se fait dès l'âge de vingt à vingt-cinq ans et se continue abondante jusqu'au plein développement de l'arbre, qui, abattu, donne encore le goudron, le brai, le charbon. Avec la résine on obtient l'essence de térébenthine et le noir de fumée.

Le bois du pin maritime fournit l'échalas pour la vigne, les piquets pour les clôtures, les pilotis les plus durables que l'on connaisse pour les travaux hydrauliques, les poteaux télégraphiques, les traverses et longrines pour les voies ferrées, les solives et planches propres aux constructions, et enfin un bois de chauffage également bien employé pour les usages domestiques, la cuisson du pain, les machines à vapeur.

Après le pin maritime vient naturellement, au second rang, le *chêne-liège*, autre production tout à fait convenable aux contrées méridionales aussi bien qu'à la nature siliceuse et légère du sol landais.

Cet arbre précieux est, il est vrai, plus long à croître que les arbres résineux ; car on ne commence guère la récolte du liége qu'entre la trentième et la quarantième année de l'âge des arbres, selon leur bonne venue et la nature plus ou moins favorable des terrains qui les portent ; mais aussi arrive dès lors une véritable fortune pour les heureux possesseurs de cette inappréciable richesse. On enlève le liége tous les sept ou huit ans, et ce commode revenu, qui ne demande d'autres frais et d'autres soucis que ceux de la récolte, dure deux siècles environ.

Le chêne-liége donne aussi une récolte secondaire qui n'est pas à dédaigner : c'est le gland, nourriture excellente pour l'entretien et l'engraissement des porcs et des moutons.

Pour hâter le revenu que peut donner le sol complanté de chênes-liéges, on peut mêler aux semis le pin maritime, que l'on enlève à l'âge de vingt à vingt-cinq ans. Indépendamment de ce premier avantage, on obtient encore celui d'avoir des arbres plus droits et mieux élancés.

Il faut noter enfin que le liége de la Gascogne est le meilleur liége connu. Les fabricants de bouchons, en France et en Angleterre, le préfèrent aux produits des autres provenances, soit françaises, soit étrangères. Il a pour lui la finesse du grain, il offre peu de déchet, il possède une remarquable élasticité.

Les arrondissements de Marmande et de Nérac (Lot-et-Garonne), dans les parties qui longent la Gironde et les Landes, possèdent déjà d'importantes et fructueuses forêts de chênes-liéges ; mais combien encore il serait pressant et profitable à la richesse publique et privée de multiplier ces arbres, dont rien ne saurait remplacer l'avantageux produit pour une infinité d'emplois, soit industriels, soit domestiques !

Comme échalas, piquets de clôture, bois de carrosserie, l'*acacia* est encore un arbre qui va à merveille à la nature légère du sol landais.

Pour les parties humides, on aurait le *peuplier de la Virginie*, le *peuplier blanc de Hollande*, le *saule*, le *bouleau*, l'*aune*.

Le chêne ordinaire croît aussi dans les contrées landaises. Il y vient même dans d'assez bonnes conditions ; mais sa croissance est si peu hâtive, ses profits nous apparaissent dans un si lointain avenir, que nous ne l'indiquons que comme une ressource tout à fait exceptionnelle.

Le propriétaire landais, avec ses modestes ressources, a par-dessus tout besoin d'avoir des rentrées et de poursuivre des revenus qui ne soient ni aléatoires, ni trop éloignés.

Tel est le précieux et complet ensemble qui, habilement marié à l'élevage de quelques animaux que nous indiquerons, ferait bientôt du plus triste désert la forêt la plus riante, comme la propriété la plus utile à nous et à nos enfants.

Le boisement était aussi le fond de la pensée de Napoléon et du duc de Bassano, dans leur plan de fertilisation landaise, comme l'assurait l'habile ancien ministre de la grande époque. Sans connaître à fond les lieux, leur perspicacité devait naturellement leur faire deviner la portée aussi bien que la justesse d'un pareil plan.

Et cependant, combien les circonstances étaient alors différentes de la situation que nous occupons aujourd'hui dans ces mêmes lieux, chaque jour et de plus en plus dignes de l'intérêt de tous !

Il a surgi depuis cinquante ans des faits économiques nouveaux qu'il est opportun de mettre en vue, tout en les résumant, comme nous y obligent le présent travail, le temps qui nous presse, les projets qui s'élaborent.

A l'heure qu'il est, — et ce à quoi certes Napoléon et le duc de Bassano ne pouvaient guère songer, — un double et épais réseau de voies ferrées et de lignes télégraphiques couvre la France. Pour réaliser cet imposant travail, il a fallu une masse considérable de bois. Nos plus belles forêts de chênes et de hêtres y ont déjà passé, et les autres disparaîtront successivement pour leur indispensable entretien.

Tout le monde malheureusement sait que si jadis l'Etat possédait d'immenses étendues de bois et forêts, elles se sont singulièrement éclaircies. Les gouvernements qui, depuis soixante ans, se sont succédé en France ont un peu fait comme les pères de famille prodigues ou peu prévoyants ; ils ont *escompté l'avenir* d'une manière fâcheuse, et ceux qui ont acheté cette richesse, doublement précieuse au point de vue de la *science économique* et de la *science météorologique*, ne se sont occupés que de leurs intérêts ; c'est-à-dire qu'ils n'ont su qu'*abattre* et *toujours abattre*. Un autre et bien grave malheur, c'est que personne ou à peu près personne n'a songé à *replanter*...

En pareille occurrence, y a-t-il donc rien de plus opportun que de songer à remplacer au plus vite le genre de richesse qui disparaît ; de créer de préférence les essences qui croissent promptement et qui en même temps se contentent des sols qui ont le moins de valeur ? Selon nous, on ne saurait aujourd'hui vouloir trop produire cette nature précèce de bois qui arrive, en cinquante ans au plus, à son entier développement, et qui sert à tant d'emplois divers.

Et en supposant que les besoins seuls de la France ne dussent pas suffire à la consommation de la vaste forêt méridionale qu'il importe tant de former, est-ce que nous n'aurons pas toujours à nos portes les besoins nombreux et incessants de l'Espagne, du Portugal, des Trois-Royaumes, de la Belgique, de la Hollande, pays pauvres en bois et bientôt ou déjà couverts de chemins de fer et de lignes télégraphiques?

Voilà pour l'emploi du pin maritime; et sur ce point nous ne voyons pas de contradiction possible.

Le second point économique est non moins nouveau qu'important à considérer.

Jusqu'ici, il faut bien le dire, il y a eu une difficulté sérieuse et digne d'être prise en considération dans le choix des moyens propres à la fertilisation des contrées landaises. Il ne saurait suffire de créer des produits; il faut encore savoir comment les écouler. Cette ressource n'existait guère dans le passé au cœur des grandes et même des petites Landes.

On n'avait pas les routes, faute de pierres pour les former, pour les entretenir; cela est si vrai que, pendant la guerre d'Espagne, on avait été réduit, pour aider au transport des hommes et du matériel de guerre, à *parqueter*, au moyen de solives de pin, une partie de la route de Langon à Mont-de-Marsan. Pour remédier à ce mal si réel, Napoléon fit faire les études du *canal des petites Landes*, que le malheur des temps empêcha de réaliser; et M. Deschamps, le célèbre constructeur du pont de Bordeaux, proposa, un peu plus tard, le *canal des grandes Landes*.

Alors, c'étaient là, en effet, les seuls moyens proposables et exécutables pour assurer la viabilité des personnes et des choses dans ce singulier pays, qui ressemble si peu aux autres contrées.

Aujourd'hui le problème économique qui a si justement occupé tant d'esprits supérieurs est définitivement résolu par la création de la voie ferrée qui réunit les deux grands ports de Bordeaux et de Bayonne, et qui va aider à mettre bientôt Paris et Madrid à vingt-quatre heures de distance.

Cette ligne, à la fois stratégique et commerciale, est destinée, tout en transportant les personnes, les dépêches, et au besoin le matériel de guerre, à ramasser aussi et au plus bas prix possible, à l'aide des routes agricoles projetées, tous les produits du pays landais.

L'embranchement sur Mont-de-Marsan, en voie d'exécution, avec prolongement sur Tarbes, les mettra, à son tour, en rapport avec les riches contrées pyrénéennes, et un autre embranchement indiqué par la nature même des choses et des lieux, celui de Mont-de-Marsan à la Garonne, au travers des petites Landes, et qui s'exécutera un peu plus tôt, un peu plus tard, achèvera de formuler l'indispensable viabilité de la contrée à fertiliser.

Voilà pour la circulation des produits aussi bien que pour celle des personnes.

Le dernier point économique à indiquer, qui a surgi dans ces derniers temps et qui mérite d'être signalé en toute justice, est la découverte faite par un savant girondin, le docteur Boucherie. Elle a pour résultat d'assurer la conservation des bois blancs et d'essence résineuse, au moyen de la pénétration artificielle d'un liquide chargé d'une dissolution d'oxyde de cuivre. Le procédé est non-seulement certain dans ses effets, mais encore facile à appliquer et fort peu coûteux.

Une longue expérience faite par l'administration des télégraphes et plusieurs compagnies de chemins de fer assure la bonté du procédé. Les traverses et les poteaux en pin maritime et en pin sylvestre *injectés* sont déjà mis par les ingénieurs sur la même ligne que les pièces en cœur de chêne, et l'usage en est reconnu plus durable.

La science se joint volontiers aujourd'hui au témoignage des hommes pratiques. C'est ainsi que me trouvant, par un heureux hasard, en 1851, au Palais de Cristal, au moment de l'expertise des bois exposés par M. le docteur Boucherie, j'ai entendu le président du jury universel répondre à l'un de ses collègues qui l'interrogeait sur la durée probable de ces bois : « qu'il ne pouvait se prononcer d'une manière certaine sur ce point, mais qu'il osait dire toutefois qu'il y avait à compter sur une durée fort longue ; par exemple, vingt, trente, quarante ans, peut-être davantage, puisque les poteaux télégraphiques et les traverses de chemins, soumis depuis une dizaine d'années à toutes les intempéries, étaient aussi sains que le premier jour de leur emploi. » Il est bon de noter que les poteaux et les traverses en cœur de chêne ne durent guère plus de dix à douze années. N'oublions pas de dire également que le président du jury, qui donnait à la découverte un témoignage aussi flatteur, était M. Dumas, membre de l'Académie des sciences, illustre professeur de chimie, ancien ministre.

En présence de ces faits économiques nouveaux, dont la portée est réellement si grande, on doit pouvoir penser et oser dire que si le PALMIER et le DATTIER sont, à bon droit, regardés comme la providence du désert de l'Afrique, le PIN MARITIME et le CHÊNE-LIÉGE doivent, à leur tour, venir aujourd'hui changer, fertiliser, enrichir le désert de la France.

Mais comment résoudre pratiquement, et surtout avec bonne et prompte économie, ce patriotique et difficile problème ? Voilà précisément le point essentiel à voir et qui donne bien à réfléchir.

En ce moment, nous possédons enfin une loi pour servir, pour pousser à l'ASSAINISSEMENT et à la FERTILISATION des landes (loi votée le 26 mai 1857).

Mais gardons-nous cependant de croire que ce soit là la seule mesure propre à provoquer, à conquérir définitivement le bien que l'on cherche.

Les lois aident sans doute à l'établissement des institutions de l'ordre matériel aussi bien que de l'ordre moral ; mais c'est à la condition aussi que les hommes, à leur tour, apporteront leur concours, leurs idées, leur dévouement.

Nos voisins les Belges ont depuis dix ans une loi spéciale à l'emploi et à la fertilisation des terres incultes ; ils ont également affecté pour cet objet d'importantes ressources. Malheureusement, le résultat espéré est toujours attendu, parce que l'on n'a pas assez justement entrevu ce qu'il y avait de mieux et de plus simple à faire.

C'est à nous de voir dès lors comment agir pour seconder, sans perdre un temps précieux et sans craindre de faire fausse route, les intentions du législateur français.

Il y a deux moyens d'arriver à assurer la fertilisation du sol landais :

1° La mise en culture ;

2° Le boisement.

Il est indispensable, tout d'abord, d'apprécier la portée de ces deux moyens, et ensuite non moins intéressant de voir quelles peuvent être les suites de leur emploi, au profit, soit de la contrée landaise, soit du pays tout entier lui-même.

MISE EN CULTURE.

Le sol landais n'est pas un sol absolument improductif. Les parties aujourd'hui consacrées à la culture rapportent quelques produits, et même assez généralement deux récoltes successives tous les ans ; récolte principale, seigle ; récolte secondaire, millet ; mais il est bon de savoir aussi à l'aide de quelles ressources on obtient un pareil résultat.

C'est le même champ qui, chaque année, est labouré, fumé, ensemencé, deux fois récolté en juillet et octobre. Le rendement de deux céréales, tout à fait exceptionnel, tient uniquement à la couche épaisse de fumier dont on recouvre le terrain.

Mais, pour obtenir cette abondante fumure, il est besoin aussi d'avoir à sa disposition une quantité énorme de terres vagues, soit pour nourrir les animaux de travail et de croît, soit pour y prendre la litière propre à garnir les étables ; les terres vagues appartiennent tantôt aux communes, tantôt aux propriétaires des terrains exploités.

C'est là le secret de cette production, qui n'étonne que ceux qui ne connaissent pas les moyens qui la procurent. Ce n'est au fond que l'art cultural à son état d'enfance le plus vulgaire. Dieu nous garde de voir souvent et en beaucoup de lieux CINQ CENTS hectares de terres uniquement consacrés à venir en fertiliser DIX à DOUZE.

Les SAVANTS vont nous dire, il est vrai, qu'il est possible d'amender cette terre, et qu'alors on pourrait sensiblement améliorer l'état primitif et si regrettable des choses. Je ne nie pas la possibilité d'un pareil expédient ; car je connais les heureuses transformations opérées dans d'autres contrées, notamment dans les sols par eux-mêmes assez peu fertiles des Flandres française et belge, des terres vagues de la Hollande, de l'Angleterre, de l'Ecosse, pour savoir ce qu'on peut faire parmi nous.

Mais à quel prix pourrait-on espérer obtenir une pareille modification sur l'immense étendue que nous avons à bonifier, de l'embouchure de la Gironde à celle de l'Adour, sur cinquante à cent kilomètres de profondeur ; soit en tout CINQ CENT CINQUANTE MILLE hectares de superficie ? C'est là ce qu'il faut avant tout examiner et bien peser.

Le plus grand défaut du sol landais est de reposer sur un sous-sol tout à fait imperméable ; de là aussi la conséquence fâcheuse, inévitable, d'être tour à tour un sol humide et noyé ou brûlant et desséché. Hommes, animaux, récoltes, tout souffre de l'abondance des eaux dans les saisons pluvieuses, de l'extrême sécheresse pendant les chaleurs de l'été.

Il y a dès lors nécessité et nécessité absolue, si l'on veut arriver à la possibilité d'une culture rationnelle et profitable, de défoncer entièrement ce sol ; opération qu'on ne saurait exécuter, dans la plupart des cas, à moins d'une dépense de 300 à 400 fr. l'hectare ; car ce sous-sol argilo-graveleux, lié le plus souvent par un ciment ferrugineux, est très-dur et difficile à rompre.

La chaux et la marne, deuxième condition indispensable à toute transformation rationnelle de ces lieux, sont très-rares sur toute la surface à fertiliser ; et, en admettant que la voie ferrée vienne aujourd'hui aider au transport du précieux calcaire, il n'en faudra pas moins une dépense de 150 à 200 fr. par hectare.

Il faut mettre en ligne de compte une égale somme pour les engrais artificiels, guano, noir animal, poudrette, os pulvérisés, etc., etc., pendant les deux ou trois premières années de la mise en culture : soit 200 fr. encore.

Pour frais de clôture, fossés d'écoulement, semences, il faut compter au plus bas mot 50 fr. par hectare ; même somme pour les bâtiments à construire.

Les animaux de travail, ceux destinés à la boucherie, au produit de la laine et du fumier doivent compter pour une autre somme de 50 fr., somme bien faible toutefois.

Je laisse enfin aux hommes compétents et de la localité même à déterminer ce qu'il faudrait encore pour la nourriture et les gages des bras nombreux employés à la transformation d'un aussi vaste territoire.

Tout calcul fait, je défie qu'on arrive à une somme de dépense inférieure à un millier de francs par hectare.

Et où sont — je le demande bien vite et bien haut — les CINQUANTE A SOIXANTE MILLIONS DE FRANCS propres à réaliser et à parfaire l'œuvre nouvelle... ?

Je vais plus loin : arrivât-on à mettre sous mes yeux, à me faire toucher du doigt ces millions, que je dirais encore : « Prenez garde, j'ai autre chose à demander; et ce n'est pas le moins important. »

Où sont les quarante à cinquante mille hommes à jeter sur les terrains à transformer en champs, prairies, vignobles, cultures diverses ?

Sans doute, en faisant un appel et des offres séduisantes aux hommes inoccupés des villes, on les verra accourir sur la terre landaise. Mais aura-t-on là des hommes capables et dévoués à l'important et difficile travail à exécuter dans des conditions tout à fait exceptionnelles ?

On improvise, jusqu'à un certain point, des soldats, des pionniers, des terrassiers, des maçons ; quelques chefs habiles et résolus les ont bientôt façonnés à leur nouveau métier ; mais ce qu'on n'improvise pas, ce sont les cultivateurs qui, chaque saison, chaque semaine et, pour ainsi dire, chaque jour, ont un travail différent à prévoir, à suivre, à modifier, selon les terrains, les conditions atmosphériques, les nécessités commerciales. Il faut que, sur toutes ces questions, ils sachent, ils décident ce qu'il y a à faire ; et, pour ainsi dire, en ne prenant conseil que d'eux-mêmes.

J'ai déjà vu à l'œuvre les populations improvisées des fameuses COLONIES AGRICOLES hollandaises et belges, et je sais à quoi m'en tenir. La pensée de fertiliser des terres incultes, tout en donnant de la nourriture et un salaire à de pauvres malheureux sans ressources et sans travail, était louable, sans doute ; mais il n'est pas moins vrai qu'avec ces pauvres gens épuisés par la souffrance, démoralisés par un changement profond d'habitudes, inhabiles, pour la plupart, au métier qui leur était imposé, on ne pouvait faire et on ne fit rien de bon, rien de durable.

Mais voici un autre et frappant exemple ; exemple d'autant plus opportun à rappeler qu'on l'invoque parfois comme précédent à imiter [1].

Quelques années après le regrettable insuccès des COLONIES AGRICOLES et dans ce même pays de la Belgique, si admirable d'ailleurs par sa persévérance à vouloir faire le bien et à savoir tirer parti de la terre que la Providence lui a départie, on songea de nouveau à fertiliser la vaste étendue des landes occupant encore une partie des provinces d'Anvers et du Limbourg.

Rajeunissant une pensée déjà ancienne, — l'union de l'Escaut à la Meuse par une voie navigable, — M. Kummer, ingénieur du gouvernement, publia, il y a une dizaine d'années, divers mémoires pour démontrer la nécessité d'accomplir l'œuvre proposée quarante années plus tôt.

L'utilité de la proposition et l'autorité de l'homme distingué qui venait la patronner entraînèrent l'approbation du gouvernement et la sanction des Chambres belges ; et l'on se mit résolûment à l'œuvre pour fer-

---

[1] *Mémoire sur la mise en culture des terres vagues dans le département des Landes*, par A. de Lajonkaire, ancien préfet des Landes, 1856.

tiliser la CAMPINE, qui forme au nord de l'Europe, avec ses 200.000 hectares de bruyères, le pendant assez exact du désert méridional de la France.

Le souvenir de ce qu'il y avait à faire dans les landes de notre Midi me ramena bien vite sur les bords de l'Escaut ; et c'est ainsi que je puis parler avec à-propos de ce qui a été fait, à partir de 1846, sur le territoire belge.

Si M. Kummer eût été agronome pratique comme il est habile ingénieur, il eût pensé qu'il ne pouvait suffire des eaux peu fécondantes de la Meuse et des bruyères siliceuses du sol campinois, pour faire, sans autres préliminaires que de retourner le sol, des prairies permanentes et richement gazonnées ; il eût également pressenti que des prairies formées en *ados* et sillonnées par de *nombreuses rigoles* ne pourraient admettre la dépaissance des animaux sous peine d'incessantes et ruineuses réparations. Et quel agriculteur ne sait aussi que des prairies permanentes ne peuvent, sans la dépaissance des animaux, offrir qu'un rapport toujours incertain, peu profitable ?

Les Anglais, si justement reconnus maîtres en cette matière, savent cela ; ils admettent les animaux jusque dans leurs plus riches parcs ; on en voit même dans ceux que renferme la ville de Londres. Les Hollandais pensent et agissent de même pour leurs célèbres prairies et leurs abondants pâturages.

Si M. Kummer eût été économiste, il eût pensé aussi que pour mener à bonne fin et en peu d'années l'entière transformation de la Campine, il fallait non pas seulement la création de prairies, mais encore des engrais en masse, des champs assortis, des animaux nombreux, des bâtiments appropriés, des chemins agricoles, et puis enfin plusieurs milliers de travailleurs intelligents, expérimentés, s'attelant de tout cœur et sans arrière-pensée à son œuvre.

Cet ensemble, sans lequel il n'y aura jamais rien d'achevé et de bien définitif en pareilles entreprises, n'a pas été malheureusement compris par l'honorable ingénieur belge. Aussi qu'est-il advenu et qu'a-t-on fait depuis dix ans en Campine ?

A l'heure qu'il est, il n'y a guère de défriché, malgré le concours aussi louable qu'empressé du gouvernement belge, que *trois à quatre mille hectares*. C'est, à ce compte, soixante années qu'il faut encore pour compléter l'opération. Un savant économiste français, M. Jacques Valserres, a tout récemment parcouru et étudié cette même et si intéressante contrée ; et, comme nous, il en est aux regrets de voir bien peu avancée une œuvre qui, bien conduite et bien réussie, pouvait être aussi utile à nos voisins que bonne, comme exemple, aux autres peuples qui ont des défrichements à faire.

Mais, en définitive, qu'est-il besoin d'aller chercher des leçons de prudence et des preuves de mécomptes à redouter sur la terre étrangère ?

N'avons-nous pas sous les yeux des insuccès tout aussi nombreux et non moins parlants? Que de millions mal employés, que d'inutiles efforts faits depuis soixante-dix ans dans ces mêmes landes qui nous préoccupent à si bon droit...!

Aussi, nous ne saurions dire toute la peine que l'on nous fait, exprimer toutes les craintes que l'on éveille en nous, lorsqu'on nous parle de rizières à former, de sucreries à élever, d'opérations coûteuses de drainage à exécuter, de plantes grasses à cultiver, de prairies à improviser là où nous sommes sûr que, pour le moment du moins, rien de tout cela ne saurait ni profitablement croître, ni longtemps durer.

Est-ce qu'il sera donc toujours vrai que l'exemple du passé, même du passé d'hier, est une page d'histoire et d'enseignement dans laquelle les hommes ne savent, ne veulent jamais lire...?

Je n'accepte même pas comme bon, comme opportun, cet argument sans cesse répété que la France a besoin de défricher ses landes, ses montagnes, et même, aux yeux de quelques-uns, ses précieux vignobles, pour bien vite lui donner les grains, le pain nécessaires à sa subsistance. Loin de là : je tiens à dire que la France, avec sa population actuelle, n'a pas besoin de nouveaux champs ; et, en eût-elle besoin, que ce n'est certainement pas au pays landais qu'il faudrait les demander.

L'expédient véritable pour assurer la production du blé que réclament nos besoins n'est pas d'ouvrir par la charrue de nouvelles terres à emblaver ; mais bien de MIEUX TRAVAILLER les terres déjà ouvertes.

Les Anglais font produire, en moyenne, à leurs champs de vingt-deux à vingt-quatre hectolitres à l'hectare ; les Allemands, les Suisses, de vingt-cinq à vingt-six ; les Belges, de trente à trente-deux ; tandis qu'en France, avec des conditions de terroir pour le moins aussi bonnes et des conditions de climat en général meilleures, nous obtenons à peine quinze à seize hectolitres.....

C'est donc sur ces champs si susceptibles d'amélioration qu'il faut porter son attention, et ne pas songer à convertir en terres à blé les sols qui n'y sont nullement propres.

La terre des landes de la Gascogne n'est certes point une terre infertile ; et loin de nous l'idée de la vouer éternellement à l'état d'abandon où on la laisse depuis tant de siècles. Seulement, je tiens à dire et je crois venir démontrer qu'elle a son mérite propre, son genre de spécialité productive, et que c'est de ce point tout à fait essentiel qu'on a, avant tout, à s'occuper.

Boisement.

Si l'on veut nous croire, — et rien, selon nous, ne serait plus avantageux et plus opportun à tenter, — on se hâterait de former, dans le midi de la France, l'un des plus beaux territoires forestiers que l'Europe soit à même de présenter ; étendue, disposition des lieux, essences utilisables, besoins du pays, intérêt direct des propriétaires du sol landais, bonnes dispositions gouvernementales, tout y convie. Quant aux voies et moyens, ils nous paraissent si simples, ils sont si aisément praticables et si près de notre main, que là ne sera sûrement pas l'obstacle qui peut arrêter les vues d'amélioration.

Mais parlons d'abord des travaux préliminaires.

La machine à vapeur, — ce puissant coursier, ce merveilleux précurseur de l'activité, de la civilisation modernes,—a déjà sillonné le désert landais de Bordeaux à Bayonne. C'est là un fait capital, une conquête énorme.

L'embranchement sur Mont-de-Marsan, avec la suite qu'on lui prépare, va relier les Landes au riche et brillant pays pyrénéen : c'est encore un avantage heureux ; mais, nous l'avons déjà dit et nous avons hâte de le répéter, ce n'est point assez. De la voie ferrée qui traverse les grandes Landes aux limites des départements voisins, il y a un vaste espace qui n'a pas moins de 60 à 80 kilomètres de largeur. Si on laissait les choses en cet état, nous pouvons dire que la pensée qu'on avait, au commencement du siècle, d'unir la Garonne à l'Adour par un lien au travers des petites Landes, ne recevrait pas son exécution.

L'intérêt et l'obligation de la Compagnie du Midi sont de réaliser ce plan. Deux moyens se présentent :

1° Un embranchement partant du Port-Sainte-Marie et passant près de Mézin, Sos, Gabarret, Barbotan, Casaubon, Labastide, Villeneuve, pour arriver à Mont-de-Marsan.

2° Une ligne secondaire ayant son point de départ à Marmande et se dirigeant sur Captieux, Roquefort, pour aboutir au même point.

L'embranchement du Port-Sainte-Marie serait sans doute plus long et plus coûteux, à cause de la longueur du parcours et des accidents de terrain ; mais aussi son revenu serait plus prompt et plus assuré, à cause des riches contrées qu'il aurait à traverser. Les abondantes céréales de Lot-et-Garonne, les eaux-de-vie de l'Armagnac, les vins de la Chalosse et bien d'autres produits encore se présenteraient sur toute la ligne.

L'autre embranchement serait plus court, aiderait plus activement à la fertilisation des petites Landes, et il aurait en outre la facilité de se relier à l'embranchement projeté de Périgueux à Bergerac, formant ainsi la ligne la plus directe de Paris à Bayonne et Madrid.

Nous laissons à qui de droit à décider à laquelle des deux lignes est due la préférence. Seulement nous disons que l'une ou l'autre est à faire sous peine non-seulement d'un grave oubli, mais encore d'une injustice flagrante.

Il y a un autre point du pays landais auquel personne, — et nous ne savons trop pourquoi, — ne semble songer.

Les arrondissements de Lesparre et de Bordeaux n'ont pas que des vignobles ; ils ont aussi des landes et même beaucoup de landes. Le triangle allongé renfermé entre l'Océan, la partie cultivée du Médoc et la voie ferrée de Bordeaux à la Teste n'en renferme pas moins de cinquante à cinquante-cinq mille hectares : ces landes méritent d'autant plus qu'on s'occupe d'elles, qu'elles sont, avec celles du Maransin, les plus boisées de toute la contrée, et qu'aujourd'hui, faute de moyens faciles de transport, cette richesse, si réelle en elle-même, est à peu près sans valeur.

C'est donc avec autant d'à-propos que d'équité que nous venons tâcher de faire réparer un oubli assez regrettable ; réparation qui nous sourit d'autant mieux que la réalisation en est excessivement aisée.

Nous ne demanderons pour cette partie des landes ni une voie ferrée avec waggons à vapeur, ni même avec waggons à chevaux ; nous proposons simplement un PLANK-ROAD.

Qu'est-ce donc que le PLANK-ROAD ?

Un homme, qui fait autorité dans le corps des ingénieurs aussi bien que dans le monde de la science, va nous l'apprendre [1].

« Les plank-roads sont un système de chemins en bois formés de « madriers posés à plat sur des longrines, et qui présente aux États-« Unis, où le bois abonde, de tels avantages qu'il ne tardera peut-être « pas à remplacer la plus grande partie des voies de communication « rurales faites en empierrement.

« C'est dans le haut Canada, en 1835, que le plank-road fut employé « la première fois à titre d'expérience. On se contenta de poser des « planches de 4 mètres sur des traverses, sans aucun principe de con-« struction : l'expérience ayant réussi, des résultats plus satisfaisants que « l'on ne s'y attendait ayant été obtenus, tant sous le rapport de la « facilité des transports que sous celui du faible prix d'entretien, on « construisit en 1837 la route de Salma à Central-Square, sous la direc-« tion de M. Goddes et de M. Saint-Alvoid, qui ont le plus contribué « au développement du système des plank-roads dans le Canada.

« Après les troubles de 1838, les routes en bois devinrent, sous la di-« rection de M. Hamilton, président de la Chambre des travaux, un des

[1] *Traité élémentaire des chemins de fer*, par Aug. Perdonnet, 1855.

« perfectionnements à l'ordre du jour, et elles furent employées AVEC LE « PLUS GRAND SUCCÈS, d'abord dans le haut Canada et ensuite dans le bas « Canada.

« Mais c'est dans l'Etat de New-York que ce système a fait le plus de « progrès : en 1850, depuis quatre années seulement que les plank-roads « y étaient employés, on en comptait dans cet Etat 3,370 kilomètres. Ils « ont été exécutés au prix moyen de 6,180 fr. le kilomètre. A la « même époque, il n'en existait encore que 700 kilomètres dans le « Canada. Aujourd'hui on compte de ces chemins dans *tous les Etats de « l'Union*.

« On peut dire que les chemins en bois, en Amérique, paraissent des- « tinés à *alimenter* les chemins de fer et les canaux, et qu'ils ne leur sont « pas *inférieurs* dans les usages particuliers.

« Les chemins en bois rendent de *grands services à la propriété agri- « cole* pour les communications avec les villes. Ils offrent au fermier l'a- « vantage d'avoir une route en bon état et où il peut se servir de son « *matériel roulant* pour transporter au marché voisin, en *toutes saisons*, « les produits de sa ferme ; et ils ont aussi, avec les chemins de fer, et « même *à un plus haut degré*, une telle influence sur les propriétés, qu'ils « les font augmenter *considérablement* de valeur. »

Il n'y a rien à ajouter à cette description et à l'éloge si justement mérité du plank-road, si ce n'est qu'on y transporte en deux fois moins de temps six à huit fois la charge de la voie empierrée.

Les chemins de bois sont employés depuis longtemps sur plusieurs points de la Russie, et ils y rendent également de très-grands services.

Un pareil travail serait d'autant plus facile à exécuter dans les arrondissements de Lesparre et de Bordeaux que l'on trouverait le bois pour ainsi dire à pied d'œuvre.

Ce chemin, sur un parcours de 80 kilomètres, pourrait coûter environ 500,000 francs : mais comme nous osons dire, sans crainte de démenti, qu'à la suite d'une pareille amélioration, les landes et pignadas du pays landais subiraient une notable augmentation de valeur, il nous semble que jamais dépense n'aurait été faite plus à propos.

L'adoption des chemins de bois serait ici, du reste, non pas une imitation américaine ou russe, mais bien une *reproduction landaise* ; car en 1807 et 1808 on construisit, de Langon à Roquefort, plusieurs dizaines de kilomètres de ces chemins pour le transport des troupes et du matériel de guerre vers l'Espagne.

Les nombreux bois et les vins du Médoc s'écouleraient ainsi bien plus commodément et économiquement vers l'Espagne et les riches contrées pyrénéennes. Le Médoc recevrait aussi en retour bien des produits qui lui sont utiles et qui sont condamnés aujourd'hui à de longs et coûteux circuits, soit par la voie de terre, soit par la voie d'eau.

Cette partie des landes, située à l'un des points extrêmes du département, n'ayant ni villes populeuses, ni ports commerciaux, ni routes suffisantes, et pas d'industries profitables qui puissent lui tenir lieu d'agriculture et de commerce, cette partie des landes, disons-nous, manque naturellement de ressort, de vitalité.

Les riches voisins et grands propriétaires de la région viticole ne sauraient mieux faire que de se réunir et de s'entendre pour remédier à une telle situation, qui nous semble fort regrettable à tous les points de vue. Ils ne feraient, du reste, qu'imiter en cela l'opportune et si intelligente intervention des grands propriétaires terriens de l'Ecosse, à qui l'on doit le progrès notable qui distingue aujourd'hui la région landaise et montagneuse du pays, région autrefois si pauvre, si délaissée.

Les campagnes, quoi que l'on dise, ne sont pas plus rebelles que les villes à la marche du progrès, à la recherche du bien-être : seulement il faut qu'on sache s'occuper d'elles à propos, avec des moyens convenables, avec un certain esprit de suite.

Il serait d'autant plus intéressant de songer à créer les bois, à multiplier les animaux dans les parties désertes des deux arrondissements qui nous occupent, que ces produits nous font généralement défaut aujourd'hui, et que d'ailleurs le voisinage de la grande cité bordelaise servirait merveilleusement à leur écoulement. Cette partie de la Gironde est, sans aucun doute, au point de vue topographique, comme au point de vue du projet de fertilisation dont on se préoccupe à si juste titre, l'une des mieux situées de tout le territoire landais. Je ne m'explique même pas comment cela n'a pas été encore compris.

Le gouvernement et le département devraient prendre par moitié l'utile dépense du chemin de bois. Quant aux moyens d'exécution, si l'on voulait nous croire, le plus sage, le plus simple serait d'en charger la Compagnie du Midi, qui a son personnel de travailleurs tout formé et qui de plus aurait tout intérêt à voir se réaliser une pareille extension de viabilité.

La Compagnie pourrait être remboursée de ses avances par l'Etat et le département en dix ou douze années. N'oublions pas non plus de dire que nous ne voudrions savoir sur ce chemin aucun genre de péage. Il faut le bienfait aussi entier qu'il sera nouveau.

Les contrées landaises ont assez largement contribué depuis un demi-siècle à l'admirable viabilité qui sillonne aujourd'hui la France, pour que la France, à son tour, dût se prêter un peu à les sortir de leurs désolantes ornières. Les ports de Bordeaux et de Bayonne qui, de leur côté, ont eu tant à souffrir de la perte de Saint-Domingue, de la cession de la Louisiane, de l'abandon des Indes orientales, nous semblent aussi avoir quelques droits à ce que l'on donne plus d'animation aux contrées qui les entourent.

Ce qui a toujours appauvri ces malheureux Landais, c'est l'absence ou

le mauvais état des voies de communication. Croirait-on que pour transporter une charge de 500 kilogrammes à 24 kilomètres de distance, il faille employer un homme, deux bêtes, un chariot et toute une journée...? Avec de pareilles conditions, il n'y a véritablement ni agriculture, ni industrie, ni commerce possibles.

Au *réseau ferré* complété, au *chemin de bois* proposé, aux *routes agricoles* que tout le monde réclame et qui sont aussi dans la pensée du gouvernement, on ne peut manquer de vouloir ajouter quelques *travaux d'assainissement* sans lesquels tout le reste serait à peu près inutile.

Il faut d'autant plus songer à ce travail essentiel qu'il sera très-facile de l'exécuter. Les études de MM. Deschamps et Billaudel sur les grandes et les petites Landes, aussi bien que celles des ingénieurs du gouvernement, ont parfaitement établi que le vaste territoire landais avait trois pentes bien distinctes et qui suffiraient à le débarrasser de l'excédant de ses eaux avec très-peu de soins et de dépense. L'une de ces pentes a son courant vers le golfe de Gascogne; l'autre, vers la Garonne; la troisième entraîne les eaux dans le lit de l'Adour et de ses affluents.

Je ne mentionne avec intention aucun système de grande canalisation, projet renouvelé de nos jours, je ne sais véritablement trop pourquoi. On oublie que nous ne sommes plus aux temps, déjà éloignés, de MM. Goury, Deschamps, Billaudel. Les chemins de fer ont définitivement décidé la question en leur faveur, et si les habiles ingénieurs que nous venons de nommer vivaient encore, ils diraient sûrement comme nous : « Place et préférence à la voie ferrée ! » J'ai d'ailleurs trop présent dans l'esprit le regrettable insuccès du canal de l'Escaut à la Meuse, pour vouloir encourager parmi nous une pareille superfétation. C'est un magnifique ouvrage d'art sans doute : mais c'est à peu près là son unique mérite; et c'est bien le moins que les landes de la Gascogne fassent aujourd'hui leur profit de la leçon économique et si frappante que leur donnent, bien à leurs dépens, les landes de la Campine.

Quelques canaux à très-petite section, des rigoles bien disposées, les fossés de la voie ferrée et ceux des routes agricoles, le bon entretien des déversoirs, tout cela soumis à un plan général, résoudra bien vite le problème; et alors aussi on pourra passer avec toutes les chances de succès à l'application du système de BOISEMENT, le seul, selon nous, qui puisse le plus sûrement et avec le moins de frais changer en quelques années la face de ce pays; système qui intéresse au plus haut degré, non-seulement la fortune de Bordeaux et de Bayonne, mais aussi les contrées environnantes, autant au point de vue de leur bien-être matériel qu'à celui de leur hygiène; il n'est pas indifférent non plus au reste de la France de voir utiliser un vaste territoire jusqu'ici à peu près perdu, et surtout de le voir consacré à combler les regrettables lacunes faites à sa richesse forestière.

Cela une fois arrêté, comment procéder à l'œuvre du *boisement?* C'est bien simple, ce nous semble.

Les landes appartiennent à trois personnalités parfaitement distinctes : à l'État et comme dunes pour 60,000 hectares environ ; aux communes pour 260,000 hectares ; aux particuliers pour 230,000 hectares. Depuis l'ouverture des travaux de la ligne ferrée, il s'est fait de nombreuses mutations ; en sorte qu'on n'est pas fixé au juste sur la division présente de la possession entre les communes et les particuliers ; mais cela importe peu à l'exposition de nos moyens. Chacun, le cas arrivant, saura bien exciper de son droit.

Le gouvernement s'occupe depuis longtemps du soin de fixer les dunes. Seulement il le fait avec des moyens tellement insuffisants, que c'est pour lui comme pour nous l'œuvre interminable. A l'heure qu'il est, il emploie, soit à conserver les travaux anciens, soit à en exécuter de nouveaux, une somme d'un demi-million environ. Il faut encore sur ce pied-là quinze à seize ans pour terminer l'opération. Il nous semble qu'il vaudrait infiniment mieux pour tous les intérêts, tant publics que privés, que l'État demandât à tripler cette allocation, de manière à avoir tout fini en cinq ou six ans. Il y aurait un profit réel à cela. D'abord on arrêterait le mouvement incessant des sables sur les terres voisines, mouvement avançant de plusieurs mètres chaque année sur les parties où l'œuvre de fixation est incomplète ; ensuite, on créerait une valeur très-réelle ; car les semis une fois réussis, les bois croissent sur les dunes, — véritables montagnes de sable, parfois de 60 mètres de hauteur, — avec la même rapidité et la même facilité qu'ils croissent dans la plaine des Landes ou sur les montagnes rocheuses du Var et des Bouches-du-Rhône ; précieux et admirable privilége du pin maritime, qu'on ne saurait par cela même trop recommander et vouloir multiplier, aujourd'hui surtout que les routes et la voie ferrée seront là pour aider l'État et les propriétaires à faire circuler au loin, soit les produits résineux, soit le bois lui-même.

L'État a fait quelque chose, sans doute, pour la fixation des dunes ; mais il lui reste beaucoup à faire encore. Il a particulièrement à se préoccuper des moyens d'aller plus vite.

Si nous passons maintenant à l'emploi et au boisement des landes communales, c'est là que la question se complique. Il y a ici deux difficultés sérieuses qui se présentent : tout d'abord la force de l'habitude pour la vaine pâture (terrible obstacle, en effet, à surmonter) ; et ensuite l'intérêt tout aussi vivace des gros propriétaires. Comme ils ont à jeter sur le terrain communal vingt, trente, cent bêtes contre la vache, le mulet, les dix moutons du petit propriétaire, du journalier, ils ont aussi tout profit à ne demander ni la fertilisation ni l'abandon du domaine communal qui leur est si particulièrement avantageux. Cependant il est évident qu'il faut sortir de cette position ; et nous ne pouvons mieux faire, pour en faire bien comprendre la nécessité, que de laisser ici parler un publiciste bordelais, qui a aussi nettement qu'énergiquement posé la question et élucidé le point de droit[1].

« On compte encore, dans le seul département de la Gironde, 133,949 hectares de landes incultes appartenant aux différentes communes de Bordeaux, de Bazas et de Lesparre; 164,145 hectares appartenant à des particuliers : en tout 298,094 hectares.

« Ces chiffres ne donnent-ils pas une bien triste idée de l'intelligence et de l'activité des propriétaires de landes ; et doit-on s'étonner, après cela, de la pauvreté de ces populations pour lesquelles le gouvernement est si bien disposé ?

« Comment secouer leur léthargie, comment les pousser, malgré elles, dans la voie du bien-être et du progrès? Personne plus que nous ne respecte la liberté de la propriété ; mais quand une propriété reste inculte pendant des siècles, quand surtout elle devient non-seulement inutile pour l'approvisionnement du pays, mais dangereuse pour la salubrité publique, alors il faut que l'Etat intervienne ; c'est pour lui un droit et un devoir.

« L'amélioration des landes est-elle, oui ou non, une affaire d'utilité nationale ? La stagnation des eaux est-elle, oui ou non, un danger pour la salubrité publique ? L'affirmative ne saurait faire doute. S'il est reconnu que les landes ne fournissent pas leur appoint à la richesse générale du pays, s'il est bien constaté, par des faits indiscutables, qu'elles peuvent être fertilisées et assainies à bon marché par des travaux de dessèchement et d'irrigation, nous demanderons hardiment que le gouvernement s'arme contre les propriétaires quels qu'ils soient, particuliers ou communes, des dispositions légales du décret du 14 décembre 1810. »

Cette opinion est aussi juste que bien exprimée. Seulement, au lieu d'appliquer et de forcer pour ainsi dire l'application de la législation sur les dunes, nous avons la loi nouvelle à mettre en vigueur et nous devons résolûment faire pour les communes ce qu'elles ne peuvent ou ne savent faire elles-mêmes.

Cette mesure serait d'autant meilleure et d'autant mieux acceptée en général, que l'on pourrait ne forcer les communes à vendre leurs terres incultes que lorsqu'il y aurait véritablement abus au point de vue des quantités possédées ; et personne ne voudra nier l'abus pour certaines communes de la Gironde et des Landes qui possèdent plusieurs milliers d'hectares en terres vagues ne servant qu'à la dépaissance de quelques maigres troupeaux.

Le malheur des propriétés communales, en France comme partout, c'est que chacun prétend *jouir*, ou plutôt *abuser* ; et que personne, au contraire, n'entend *entretenir*, *féconder*, *réparer*.

Divers cantons de la Suisse nous ont paru mieux comprendre la manière

---

[1] Les Landes de Gascogne, *routes et canaux* ; par C. de Saulniers ; Bordeaux et Paris, 1856.

de posséder les communaux. Là, l'autorité communale les donne à bail, ou les régit elle-même au mieux de l'intérêt public, et le partage des produits seuls s'opère à la fin de l'année. Il y a dans cette bonne habitude et sage prévision quelque chose à prendre pour les terres qu'on pourra laisser aux communes : car il ne faut pas non plus vouloir entièrement dépouiller les communautés de leurs ressources territoriales; ce sont les seules que le temps, les révolutions, la guerre, la découverte des gîtes aurifères n'altèrent pas, n'emportent pas, ne déprécient pas.

Voilà pour ce qui regarde les landes communales.

Les PARTICULIERS commencent à connaître assez bien la valeur du sol landais, surtout depuis que les étrangers s'y présentent en acquéreurs, pour que nous n'ayons qu'à les laisser faire ; c'est-à-dire qu'ils aient toute liberté de défricher, de planter au mieux de leurs intérêts. Nous voudrions seulement que l'État libérât de tout impôt pendant trente années les parties nouvellement boisées, comme on l'a fait en Belgique pour les parties irriguées.

Quant aux procédés les meilleurs pour entreprendre l'opération des ensemencements, nous laissons aux circonstances locales et aux moyens dont disposent les propriétaires à déterminer ce qu'ils ont de mieux à faire. Nous prévenons seulement que nous avons rencontré des systèmes très-divers pour la culture des essences résineuses dans les Alpes, les Ardennes, dans la Campine, chez les Allemands et les Anglais.

Parmi nous, MM. Ivoy, habile forestier ; Chambrelent, ingénieur ; baron Roguet, propriétaire, recommandent le défoncement du sol et paraissent s'en bien trouver. Ce point fait cependant question. Ainsi, dans la forêt de Fontainebleau, il a été reconnu que les semis venaient moins bien sur le sol défoncé que sur la pelouse même.

Mais ce qu'il y a pour nous de certain, c'est que le sol landais est si favorable au pin maritime qu'on est à peu près dispensé de se livrer à des travaux coûteux de défoncement. Cet arbre a l'heureuse propriété de pouvoir *tracer* lorsqu'il ne trouve pas à *pivoter*. Avant nous, on n'a pas défoncé avant d'ensemencer, et l'on n'en a pas moins obtenu d'admirables plantations; je dirai même que NULLE PART, ni sur les bords de la Méditerranée, ni dans la Sologne, ni dans la forêt de Fontainebleau, pas plus que dans la Campine, je n'ai trouvé le pin maritime plus hâtif, plus fort, plus riche en goudron et résine que dans nos landes méridionales. La *terre siliceuse*, l'*assainissement du sol*, l'*influence des vents marins*, la *chaleur*, voilà les conditions essentielles à la bonne et prompte venue de l'arbre si précieux pour nos contrées. En se livrant à sa culture, non-seulement on est assuré de créer une véritable richesse, mais encore on arrivera à améliorer sensiblement et très-économiquement le sol lui-même pour les temps à venir.

Le baron d'Haussez, ancien préfet des Landes et de la Gironde, et de si regrettable mémoire pour tout bon Landais, apprécie très-bien les bons effets du boisement :

« Les bois sont la meilleure des préparations que la terre puisse rece- « voir. Leurs racines percent, divisent les terres les plus compactes ; « leurs dépouilles ajoutent à l'épaisseur des couches végétales ; elles « *améliorent* le fonds et lui donnent une *fécondité* que, sans la présence « des arbres, il n'aurait *jamais* eu. »

M. Poiteau, qui fait justement autorité dans le monde savant et agricole, confirme l'opinion de M. d'Haussez, en disant :

« La famille des arbres verts, après celles des céréales et des arbres « fruitiers, est certainement la plus intéressante pour les peuples de « l'Europe dans l'état actuel de civilisation. Nos vaisseaux ne pourraient « parcourir l'immensité des mers sans les hauts mâts qu'elle leur four- « nit, sans le goudron qui préserve leur coque et leurs agrès de la pour- « riture.

« L'architecture civile et militaire en tire du bois qui ne pourrait « être remplacé par aucun autre ; enfin, elle offre à l'économie domes- « tique, industrielle, et à la médecine, des produits de première nécessité « aussi nombreux que variés.

« Un autre avantage que possède encore cette précieuse famille, c'est « que tous les arbres qui la composent croissent dans les sols les plus « maigres, parmi les rochers où aucune culture ne ferait rien pousser ; « et que la quantité de terreau qu'ils produisent par la décomposition de « leurs feuilles est beaucoup plus grande que celle que fournissent les « feuilles des autres arbres : de sorte qu'une forêt d'arbres résineux *en- « richit le propriétaire* et *améliore* en même temps le terrain plus qu'au- « cun autre produit. C'est donc avec de bien bonnes raisons que les « économistes conseillent les plantations d'arbres résineux et la création « de forêts dans les *départements sablonneux* et sur les *montagnes ro- « cheuses* de la France [1]. »

Ces données une fois établies, je tiens à formuler d'une manière encore plus précise les résultats qu'elles sont appelées à procurer aussi bien que les moyens pratiques propres à les faire obtenir.

Je suppose donc deux frères recevant de leurs parents un héritage en espèces de 250,000 fr., soit 125,000 fr. chacun.

Joseph, l'aîné des frères, achète dans l'une des meilleures parties des Grandes Landes 100 hectares de terre au prix de 100 francs chacun. Il emploie à défoncer le sol, à l'assainir, à lui donner le calcaire indispensable, à se procurer les premiers engrais qu'il ne peut avoir sur place, à acheter les semences, à élever ses bâtiments de ferme, à se procurer des instruments et des animaux, à nourrir la première année ses colons, 1,000 fr. par hectare, soit 100,000 fr.

---

[1] *Maison rustique*, 4e volume.

Cela fait, il obtient, bon an mal an, 4,000 fr. de revenu net ; et encore lui et ses colons, soit fermiers, soit métayers, n'ont-ils pas à s'endormir.

Au terme de cinquante années, voici le bilan de ce propriétaire landais au point de vue *cultural :*

Soit par l'effet du temps, soit par ses efforts de culture et ses débours d'argent, sa propriété, du coût primitif de 110,000 fr., pourra valoir 160,000 fr. Au grand maximum je dirai.	200,000 fr.
Son revenu aura été dans le même espace de temps, à 4,000 fr. l'an, de.	200,000
Total.	400,000 fr.

Jean achète dans le voisinage de son frère 800 hectares de terre, au prix de 100 fr. l'un ; soit 80,000 fr.

Il emploie à assainir, à fossoyer, à nettoyer, à semer son terrain, 25,000 fr. ; à élever un logement pour son charretier, une bergerie, une étable et des logements pour les bergers, 3,000 fr. ; à construire une habitation pour le surveillant comptable et une autre pour le propriétaire, 7,000 fr. ; enfin, pour achat d'animaux, 10,000 fr. ; ensemble 125,000 fr.

500 hectares sont consacrés à la culture du pin maritime, dont la graine est jetée à la volée sans autre travail que l'établissement des fossés de clôture et le nettoyage du sol, si la bruyère s'y trouve trop épaisse ou trop élevée ; donner sur certains points un coup d'araire ne sera pas inutile.

200 hectares, pris sur les parties reconnues pour être les meilleures, sont semés moitié de pins maritimes, moitié de chênes-lièges. Le chêne-liége, élevé au milieu des pins, croît plus aisément et grandit plus droit et mieux élancé.

80 hectares sont laissés pour la dépaissance des animaux à introduire au moment où leur dent et leur piétinement ne seront plus dommageables pour les jeunes semis.

Les Allemands et les Anglais ne sont pas opposés à la dépaissance des animaux dans les bois et forêts. Indépendamment des bénéfices qu'on en retire, ils trouvent qu'ils nettoient le sol et qu'ils l'engraissent. Il n'y a que les chèvres qu'il faut impitoyablement proscrire de tous les sols comme de tous les genres de cultures.

20 hectares sont réservés pour les allées et les fossés de clôture et d'assainissement.

Ce terrain de 800 hectares sera partagé en 40 compartiments, séparés les uns des autres par des allées de 12 mètres et des doubles fossés de 1 mètre 1/2 de large sur 1 mètre de profondeur ; ces fossés seront très-évasés pour empêcher le glissement du sable. Avec la profondeur d'UN MÈTRE, on arrivera à rompre dans son entier la couche d'*alios* que l'on rencontre généralement à la profondeur de 60 à 65 centimètres. Il sera facile ainsi de faire absorber en leur entier les eaux pluviales, en telles quantités qu'elles puissent tomber, parce que la couche sur laquelle repose le lit imperméable est formée d'un banc de sable de plusieurs mètres d'épaisseur.

Ainsi sera résolue une des plus grandes difficultés de la fertilisation du sol landais, celle de pouvoir corriger *l'excès d'humidité* dans la saison des pluies.

En établissant, entre les compartiments, des séparations de 15 mètres pleins, on obtient plusieurs avantages.

1° On donne aux arbres de l'air, de la lumière, du soleil; et les vents circulent en toute liberté. Ce sont là des avantages précieux et qui ne manquent que trop souvent aux terrains forestiers.

2° On trouve une dépaissance abondante, saine et commode pour les moutons et le jeune bétail.

3° On rend la surveillance des bois et des animaux continue, sûre et facile.

4° On prévient les incendies, qui sont toujours un danger pour les bois, surtout les bois d'essence résineuse; ou, s'ils viennent à se déclarer, on les limite sans trop d'efforts ni de sacrifices.

Un membre de l'Institut, M. de Lavergne, nous a fait part de ses craintes d'incendie, à propos des forêts résineuses que nous désirons si fort de voir créer dans nos landes; mais nous espérons que nos moyens préventifs contre un pareil danger rassureront entièrement le savant professeur d'économie rurale. Les incendies dans les bois gagnent surtout en activité et en étendue par les herbes et les bruyères sèches. Il n'y aura pas ce danger à redouter dans nos allées constamment nettoyées par le parcours des animaux et par les soins de bon entretien. Les fossés d'un mètre de profondeur aideront beaucoup aussi à concentrer le feu dans son foyer primitif.

Au beau milieu de chaque compartiment seront laissés des carrés de 2 hectares d'étendue pour pâtures. Ils seront limités par des fossés de 1 mètre de large sur 75 centimètres de profondeur; on arrivera dans ces carrés par les quatre côtés du compartiment et au moyen de chemins de 8 mètres de large.

Indépendamment de l'utilité de ces réserves pour la nourriture des animaux, il faut dire qu'elles favoriseront autant la croissance du bois que l'assainissement du sol, en donnant du jour partout et en rendant facile la circulation de l'air.

Par l'établissement du domaine forestier en compartiments, il sera très-facile de *régler* le parcours des animaux. C'est le parcours désordonné et incessant qui, aujourd'hui, ruine le pays landais aussi bien que les campagnes de l'Espagne, où dominent les troupeaux de moutons.

Les Anglais, les Ecossais, les Hollandais, les Allemands, dans leurs contrées les mieux régies, ont depuis longtemps supprimé la vaine pâture, qui détruit par un déplorable gaspillage dix fois plus d'herbe que les animaux n'en consomment; aussi ces pays élèvent-ils, à égalité de terrain, trois à quatre fois plus de bêtes que n'en produisent la France et l'Espagne.

On s'étonne, parmi nous, du prix toujours croissant de la viande. Cela tient surtout au mode mal entendu de pâturage, que l'on ne sait pas, ou plutôt que l'on ne veut pas arriver à mieux régler.

Il n'y a de bon et de durable pâturage qu'en donnant à l'herbe le temps de repousser, après quelques jours de dépaissance.

Sous un climat comme celui des landes de la Gascogne, les hivers ne sont jamais très-rudes et les animaux trouvent facilement et en toutes saisons leur pâture. Cependant, comme il y a aussi des temps de neige et de gelée, il sera prudent de ramasser, dans quelques-uns des carrés réservés, une provision de fourrage. L'engrais des étables concentré sur quelques carrés, et le parcage des animaux pendant la belle saison, les rendront bientôt propres à donner ce fourrage.

Comme l'herbe viendra assez vite sur les allées bien gardées et dans les carrés réservés, on pourra, dès la troisième année, introduire sur le domaine forestier 500 moutons, qui seront portés successivement à 2,000. Les moutons achetés à un an et vendus à trois, à l'état demi-gras, donneront en moyenne par année 2 fr. de viande et 1 fr. de laine.

A la cinquième année, et peut-être un peu plus tôt, ce sera le moment d'admettre 100 têtes de jeune bétail pour arriver plus tard à 400 têtes. Une tête de bétail, ou 5 moutons par hectare, ne seront pas un nombre excessif pour un terrain bien tenu et dont toutes les parties serviront à la dépaissance. Le jeune bétail, pris parmi les mâles destinés au travail de la terre, rapportera en moyenne 40 fr. par an. Je n'admets ni vaches, ni brebis portières, parce qu'avant tout je veux un revenu certain, constant, et des animaux d'un facile entretien.

Il y aurait sans doute d'autres instructions à donner pour assurer le choix et le bon entretien des animaux, préparer les pâturages, aider à leur conservation; mais ce sont là des détails qu'ici, et dans une appréciation aussi générale, je dois nécessairement omettre.

Passant maintenant à la gestion du domaine plus positivement forestier, nous fixerons la première éclaircie à la cinquième année. Le meilleur parti à prendre dans ce cas ci, c'est de laisser les produits de l'opération sur le terrain même, comme ayant assez peu de valeur et pouvant d'ailleurs servir à l'amélioration du sol. Alors aussi c'est sans inconvénient que l'on pourra mener les animaux paître sur toutes les parties du domaine forestier.

A la dixième année, on songera à la deuxième éclaircie, qui donnera au moins 10 fr. net par hectare, en fagots, échalas, piquets de clôture, charbon.

La troisième et la quatrième éclaircies devront se faire à la quinzième et à la vingtième année, rapportant 20 fr. l'hectare et fournissant des poteaux télégraphiques, du bois de pilotis, des chevrons, etc., etc.

La cinquième éclaircie sera la plus décisive, en ce qu'elle devra régler d'une manière définitive l'avenir de la forêt résineuse et de la forêt à liége.

On ne laisse alors sur le terrain de la première que 600 pins maritimes environ, et sur la deuxième que 500 arbres. Chaque chêne-liége aura ainsi 20 mètres de surface de terrain pour s'étendre. Ils n'ont pas davantage dans les belles et si profitables forêts de l'arrondissement de Nérac et du département des Pyrénées-Orientales.

J'admets hardiment 600 arbres résineux par hectare, par la raison toute simple qu'ils viendront sur un sol parfaitement assaini, partout et bien aéré, constamment nettoyé et engraissé par la dépaissance des animaux.

Comme résultat de cette éclaircie qui donne des arbres de 10 à 15 mètres de hauteur servant à faire des traverses, des solives, de la planche, du gros charbon, du goudron, on peut compter 100 fr. à l'hectare.

C'est à la suite de la cinquième éclaircie que l'on commence à *gemmer*, c'est-à-dire à préparer le pin à donner la résine : cette opération bien simple se fait au moyen d'un entaille à vive arête ouverte sur l'arbre à 2, 3 et 4 mètres de hauteur et par où coule la liqueur résineuse pour se réunir dans un réservoir préparé au pied de l'arbre.

Ce produit, qui est annuel, est toujours assuré et peut durer, dans les forêts bien conduites, trente et même quarante années ; et, chose singulière, l'arbre, au point de vue de la qualité du bois, ne fait que s'améliorer.

A la quarantième année, on peut réduire le nombre des arbres à 300; mais le produit de la résine restera le même, les arbres devenant plus vigoureux.

Jusqu'ici le produit de la résine a été de 10, 15 et même de 20 centimes par arbre. Avec l'extension si remarquable de nos voies ferrées, la production du gaz et de l'huile d'éclairage ; avec le développement de plus en plus marqué de notre marine militaire et marchande, la valeur de la résine ne peut aller qu'en croissant : toutefois ne comptons que sur 14 centimes net par arbre et par année ; c'est environ 80 fr. par hectare.

C'est à partir de cette même époque que l'on fait subir au chêne l'opération qui le dispose à porter le liége marchand ; c'est-à-dire qu'on le dépouille de sa première écorce, qui ne sert qu'à la teinture et à quelques autres usages industriels peu profitables : aussi ne comptons-nous que pour mémoire ce revenu.

Mais, sept à huit ans après l'opération préparatoire, on est en plein revenu ; revenu d'autant plus sûr que les conditions atmosphériques ne l'atteignent que bien rarement et que ce précieux arbre tend à disparaître de jour en jour ; car le père de famille, avec la division incessante de la propriété, ne se sent guère disposé à planter pour n'avoir à récolter que trente années plus tard. Il n'y a guère aujourd'hui que les terres de nos landes méridionales que l'on puisse espérer voir consacrées à une pareille destination.

Du jour de la première extraction de son écorce jusqu'à la fin de son exploitation, qui peut durer cent cinquante à deux cents ans, le chêne-liége donne un revenu annuel et moyen de 75 centimes que nous n'évaluerons cependant qu'à 50 centimes.

Le bilan du domaine forestier de Jean, qui lui a coûté 125,000 fr. à établir, peut être ainsi présenté à sa cinquantième année :

Profit de la première éclaircie, pour mémoire		» fr.
— de la deuxième éclaircie sur 700 hectares		7,000
— de la troisième et quatrième éclaircie, à 14,000 fr. chacune		28,000
— de la cinquième éclaircie		70,000
— de la sixième éclaircie, 200,000 arbres de quarante ans, par hectare, sur 500 hectares à 2 fr. 50 c. l'un		500,000
Revenu de la résine, à 80 fr. par hectare et par an ; pour 500 hectares, pendant vingt-cinq ans		1,000,000
Coupe à blanc de 200,000 arbres, à l'âge de cinquante ans et à 5 fr. pièce		1,000,000
Valeur du terrain ; son prix d'achat ; amélioré pendant 50 années, il devra valoir davantage		60,000
Revenu des chênes-liéges, à partir de la trentième année, à 50 c. par an et par arbre ; pour 100,000 arbres pendant vingt ans.		1,000,000
Valeur de 200 hectares complantés en chênes-liéges, rapportant 250 fr. par an et par hectare, à 4,000 fr. l'un		800,000
Profit du troupeau de moutons, à 6,000 fr. par an pendant quarante-cinq années		270,000
Produit du troupeau en jeune bétail, à 16,000 fr. pendant quarante années		640,000
A déduire pour frais de charretier pendant cinquante années	40,000 fr.	5,375,000
Pour les bergers et vachers, pendant quarante-cinq années	144,000	
Pour un surveillant comptable pendant cinquante années	60,000	
Pour impôts	40,000	
Pour dépenses imprévues	100,000	
	384,000 fr.	384,000
Reste		4,991,000

Ces résultats, selon nous immanquables, de l'industrie forestière unie dans de sages proportions à l'industrie pastorale, résultats si différents des résultats de l'industrie purement agricole, étonneront peut-être bien ceux qui sont toujours restés étrangers à cette nature de combinaisons et d'affaires ; mais ils ne surprendront assurément pas ceux qui connaissent l'art précieux de créer les bois, d'élever les animaux ; ils satisferont surtout les hommes qui ont pu voir la facilité avec laquelle les revenus des forêts et des troupeaux enrichissent les populations de la Suisse, des pays allemands, des contrées montagneuses et boisées du nord de l'Écosse.

Il ne faut pas perdre de vue non plus que les routes ferrées, les lignes télégraphiques et l'extension à peu près générale des constructions civiles et navales ont apporté un changement profond dans l'utilisation et la valeur vénale des bois. A peu près partout les prix ont doublé, triplé, en quelques lieux même ils ont décuplé. L'augmentation est notable, surtout pour le bois d'essence résineuse que les moyens de conservation élèvent aujourd'hui, quant à la durée, au rang des bois les plus estimés, le chêne, l'orme, le cèdre. Et plus nous irons en avant, plus la consommation sera considérable et par suite la cherté grande. C'est là un effet des choses aussi rationnel qu'inévitable. Un arbre est bien vite vendu et arraché; mais il lui faut un demi-siècle, parfois même plus d'un siècle pour croître et arriver à son entier développement. Et malheureusement, soit égoïsme, soit insouciance, bien peu de propriétaires s'adonnent aujourd'hui aux travaux, au goût de la sylviculture.

C'est par toutes ces raisons que je ne crains pas de porter trop haut l'évaluation du domaine forestier que je propose d'établir, de multiplier.

Je dois dire aussi que cette conviction profonde que je nourris sur l'avenir du pays landais vient non pas seulement de mes affections locales, de mes données scientifiques, de mes observations pratiques; mais aussi, mais surtout des études attentives faites en des lieux justement renommés par leur succès et leurs transformations agricoles.

Lorsque je songe que les habitants laborieux des Alpes ont trouvé, malgré cinq mois continus de neiges et de gelées, le moyen de fertiliser jusqu'à leurs montagnes rocheuses les plus abruptes, les plus dénudées, ayant souvent le courage d'apporter à dos d'homme et à cinq cents pieds au-dessus de leurs habitations l'engrais propre à faire croître un arbre, une poignée d'herbe; lorsque j'ai vu le Hollandais luttant tous les jours d'opiniâtreté et d'énergie avec les flots pour défendre les terres qu'il a péniblement conquises sur la mer elle-même; lorsque je pense que je n'ai plus trouvé de landes sur le sol anglais, qui en était couvert, il y a un siècle; lorsque je puis dire et que j'aime toujours à répéter, comme leçon vivante et grand exemple à donner aux autres hommes et particulièrement à mes compatriotes de notre brillant Midi, que les Écossais, malgré l'âpreté de leur climat et la stérilité proverbiale de leur sol, ont su le convertir en champs, pâturages et forêts aujourd'hui d'un revenu très-fructueux; est-ce que je ne dois pas me croire autorisé à dire qu'il y a à faire et même beaucoup à faire sur un sol qui se lie si intimement aux riches contrées du Médoc, de l'Agenais, de l'Armagnac, de la Chalosse, du Béarn? Quoi! ici seraient la richesse et l'abondance; et tout à côté, au contraire, la stérilité et une profonde misère? Non, ce n'est pas possible. La bonne nature n'a pas voulu et ma raison n'admet pas de telles anomalies.

Les terrains, va-t-on me dire, ne se ressemblent pas... C'est aussi ce que je sais fort bien : mais c'est précisément là le plus réel bienfait de la Providence. Elle a fait les sols différents comme elle a créé les hommes avec des qualités diverses, les animaux grands et petits, les végétaux faibles et forts, les climats opposés.

C'est simplement alors à l'homme, ainsi mis à l'épreuve, à savoir discerner ce qu'il convient de demander à telle terre, à tel climat.

J'irai même plus loin et je dirai, tant mes idées ici sont mûries et bien arrêtées, que, si les landes de la Gascogne n'existaient pas avec leur bon marché vénal, leur étendue et leur remarquable aptitude forestière, il y aurait pour ainsi dire profit à les vouloir, à les demander, à les INVENTER même, si cela se pouvait; car elles seules, dans l'état actuel des choses, peuvent rendre à la France la richesse précieuse que mille besoins de chaque jour consomment, sans que personne ou à peu près personne ait le souci de la reproduire.

Voici, du reste, en nous résumant, l'état de la question.

Nous sommes en présence d'un territoire de 550,000 hectares, aujourd'hui en pleine friche, nourrissant avec peine sa rare et malingre population d'hommes et d'animaux.

Ce territoire, toutefois, à l'aide de quelques avances bien ménagées et employées à propos, peut donner, tout d'abord, un revenu payant travail et capital; créer, dans l'avenir, une richesse réelle toute spéciale, immanquable même par suite de la nature des lieux et de besoins industriels nouveaux. Avant la fin du siècle que nous traversons, la face du pays landais sera profondément modifiée, et l'aisance et la santé feront sûrement place à la misère, à la maladie.

Une saine politique commande cette utile transformation ; l'humanité à son tour la conseille ; et l'étranger lui-même s'étonne à bon droit de rencontrer sur ses pas cette étrange avant-scène du magique tableau des Pyrénées.

Devant toutes ces raisons, et en présence surtout des voies et moyens proposés, et aujourd'hui sanctionnés par tous les pouvoirs, il n'est plus permis de s'arrêter.

J'ai vainement cherché, et même auprès des meilleurs esprits, des objections sérieuses à ces moyens aussi simples qu'économiques que je propose ; je ne les ai pas rencontrées ; je puis même dire avec franchise que l'on m'a toujours répondu : « Vous êtes dans le vrai ; vous parlez avec une parfaite opportunité d'un mal qu'il faut guérir et du remède qu'il est urgent d'appliquer. »

La différence entre mon système et les divers systèmes suivis jusqu'ici dans la mise en valeur des terres incultes est celle-ci :

— Créer, exclusivement à tous autres, deux genres de produits qui, parmi nous et de jour en jour, deviennent plus rares et plus chers : du *bois* et des *animaux* ;

— Economiser notablement les ressources des propriétaires qui ont des défrichements à faire ;

— Hâter l'époque d'un revenu normal, assuré, toujours croissant, puisque, dès la troisième année du boisement, on a l'intérêt du *capital roulant*, et, vers la sixième année, l'intérêt du *prix d'achat* des terres avec progression notable de capitaux que le père de famille verra venir avec toute tranquillité et un indicible bonheur ;

— N'avoir besoin que d'une main-d'œuvre rare et de locaux aussi faciles qu'économiques à établir ;

— Enfin, avoir des revenus et des profits que n'atteindront pas les grêles, les gelées, les inondations.

Tel est le cadre dans lequel vient se renfermer l'entier problème de la transformation des landes, si du moins l'on veut cette transformation ÉCONOMIQUE, PROCHAINE, COMPLÈTE.

C'est à vous maintenant, propriétaires landais, qu'il incombe de seconder de votre mieux et à votre profit immédiat les circonstances heureuses qui se présentent sur vos pas.

A vous surtout, jeunes hommes, qui arrivez au moment de songer au côté sérieux de la vie, la tâche patriotique de prendre l'initiative et de vous mettre bien vite à l'œuvre.

Mais aussi, si vous voulez sûrement réussir, souvenez-vous un peu de la vieille maxime de nos pères :

Aide-toi, le ciel t'aidera.

Et d'ailleurs, lorsqu'on a, pour éclairer la route à suivre, des esprits organisateurs comme l'étaient Napoléon et le duc de Bassano ; des administrateurs aussi pratiques et aussi pleins de foi dans l'avenir du pays landais que les Duplantier, les d'Haussez ; des ingénieurs aussi célèbres que les Brémontier, les Deschamps, les Billaudel, qu'a-t-on à craindre ?

En pareille occurrence et avec de tels guides, il n'y a vraiment pour tout homme de progrès, pour tout esprit résolu, qu'un cri à jeter. Ce cri est celui de nos voisins les Anglais qui, depuis un siècle, ont su, avec un rare bonheur et la plus louable persévérance, améliorer à la fois les champs, les végétaux, les animaux :

Ahead! ahead! En avant ! en avant !

TYPOGRAPHIE HENNUYER, RUE DU BOULEVARD, 7 BATIGNOLLES.
Boulevard extérieur de Paris.

OUVRAGES DU MÊME AUTEUR.

DES MOYENS D'AMÉLIORER L'AGRICULTURE DES DÉPARTEMENTS MÉRIDIONAUX.

Un volume in-8°. — 1830.

ÉLÉMENTS D'UNE NOUVELLE LÉGISLATION DES CHEMINS VICINAUX.

Ouvrage couronné par la Société des Sciences et agriculture de Châlons. — In-8°. — 1831.

DES CAUSES DU MALAISE INDUSTRIEL ET COMMERCIAL DE LA FRANCE EN 1830.

Couronné par la Société industrielle de Mulhouse. — 1 vol. in-8°. — 1832.

MÉMOIRE SUR LES CAUSES DE L'AFFAIBLISSEMENT DU COMMERCE DE BORDEAUX.

Lu à l'Institut et inséré dans le Recueil des Savants étrangers. — 1 vol. in-8°. — 1836.

LES CLASSES OUVRIÈRES.

MOYENS D'AMÉLIORER LEUR SORT. Ouvrage couronné par l'Académie de Mâcon, par la Société de la Morale chrétienne, par l'Académie française (prix Montyon). — 1 vol. in-8°. — 1838.

COMPTE RENDU DE L'EXPOSITION INDUSTRIELLE ET AGRICOLE DE LA FRANCE EN 1849.

Extrait du *Moniteur universel*. — 1 vol. in-12.

TYPOGRAPHIE HENNUYER, RUE DU BOULEVARD, 7. BATIGNOLLES.
Boulevard extérieur de Paris.

www.ingramcontent.com/pod-product-compliance
Ingram Content Group UK Ltd.
Pitfield, Milton Keynes, MK11 3LW, UK
UKHW022003260726
13994UKWH00004B/1929

9 782329 213668